Неля Бисенова
Айгерим Ергалиева

Микробиологические показатели больных с респираторными инфекциями

AF167389

Неля Бисенова
Айгерим Ергалиева

Микробиологические показатели больных с респираторными инфекциями

LAP LAMBERT Academic Publishing

Impressum / **Выходные данные**

Bibliografische Information der Deutschen Nationalbibliothek: Die Deutsche Nationalbibliothek verzeichnet diese Publikation in der Deutschen Nationalbibliografie; detaillierte bibliografische Daten sind im Internet über http://dnb.d-nb.de abrufbar.

Alle in diesem Buch genannten Marken und Produktnamen unterliegen warenzeichen-, marken- oder patentrechtlichem Schutz bzw. sind Warenzeichen oder eingetragene Warenzeichen der jeweiligen Inhaber. Die Wiedergabe von Marken, Produktnamen, Gebrauchsnamen, Handelsnamen, Warenbezeichnungen u.s.w. in diesem Werk berechtigt auch ohne besondere Kennzeichnung nicht zu der Annahme, dass solche Namen im Sinne der Warenzeichen- und Markenschutzgesetzgebung als frei zu betrachten wären und daher von jedermann benutzt werden dürften.

Библиографическая информация, изданная Немецкой Национальной Библиотекой. Немецкая Национальная Библиотека включает данную публикацию в Немецкий Книжный Каталог; с подробными библиографическими данными можно ознакомиться в Интернете по адресу http://dnb.d-nb.de.

Любые названия марок и брендов, упомянутые в этой книге, принадлежат торговой марке, бренду или запатентованы и являются брендами соответствующих правообладателей. Использование названий брендов, названий товаров, торговых марок, описаний товаров, общих имён, и т.д. даже без точного упоминания в этой работе не является основанием того, что данные названия можно считать незарегистрированными под каким-либо брендом и не защищены законом о брендах и их можно использовать всем без ограничений.

Coverbild / Изображение на обложке предоставлено: www.ingimage.com

Verlag / Издатель:
LAP LAMBERT Academic Publishing
ist ein Imprint der / является торговой маркой
OmniScriptum GmbH & Co. KG
Heinrich-Böcking-Str. 6-8, 66121 Saarbrücken, Deutschland / Германия
Email / электронная почта: info@lap-publishing.com

Herstellung: siehe letzte Seite /
Напечатано: см. последнюю страницу
ISBN: 978-3-659-67855-4

Микробиологические показатели больных с респираторными инфекциями

Бисенова Н.М., Ергалиева А.С.

ОГЛАВЛЕНИЕ

СПИСОК СОКРАЩЕНИЙ

ХОБЛ – хроническая обструктивная болезнь легких

БА – бронхиальная астма

ИБЛ – интерстициальная болезнь легких

ВП – внебольничная пневмония

КОЕ – колониеобразующая единица

ОФВ – объем форсированного выдоха

ВВЕДЕНИЕ

Среди наиболее распространенных заболеваний человека в последнее время часто встречаются прогрессирующие респираторные заболевания легких. В структуре заболеваемости наиболее распространенными являются хроническая обструктивная болезнь легких, бронхиальная астма, хронический бронхит.

К числу важнейших проблем здравоохранения относится хроническая обструктивная болезнь легких (ХОБЛ). В глобальной стратегии диагностики, лечении и профилактики ХОБЛ (пересмотр 2011 года) упоминается, что по данным, опубликованным Всемирным банком и Всемирной организацией здравоохранения (ВОЗ), предполагается, что в 2020 г. ХОБЛ выйдет на 5 место по ущербу, наносимому болезнями в глобальном масштабе. Несмотря на то, что в последние годы ХОБЛ привлекает всё большее внимание со стороны медицинского сообщества, для широких слоев населения, а также для официальных представителей органов здравоохранения и правительственных структур, это заболевание остается относительно неизвестным или малозначимым.

Как известно, прогрессирующие респираторные заболевания характеризуется периодически возникающими обострениями, которые приводят к ухудшению респираторной функции, а также вызывают декомпенсацию сопутствующей патологии, что может стать причиной летального исхода.

Ситуация с респираторными заболеваниями в Республике Казахстан соответствует мировой статистике – распространенность болезней дыхательной системы в нашей стране составляет 29-30 тыс. на 100 тыс. населения, по этому показателю данные заболевания опередили даже болезни сердечнососудистой системы. По данным статистики, в Казахстане за последние 5 лет смертность от болезней органов дыхания увеличилась на 28,4% и составила в 2013 году 67,18 на 100 тыс. населения.

МИКРОБИОЛОГИЧЕСКИЕ ПОКАЗАТЕЛИ БОЛЬНЫХ С ПРОГРЕССИРУЮЩИМИ РЕСПИРАТОРНЫМИ ИНФЕКЦИЯМИ

В глобальной стратегии диагностики, лечении и профилактики хронической обструктивной болезни легких (пересмотр 2011 года) ХОБЛ характеризуют, как одно из часто встречающихся заболеваний человека, являющейся важной медико-социальной проблемой, следствием которой может быть временная нетрудоспособность и инвалидность. ХОБЛ – одна из важнейших причин нарушения здоровья и смертности по всему миру. Годами многие люди болеют ХОБЛ, преждевременно умирая от нее или от ее осложнений. По статистическим данным отчета ВОЗ, ХОБЛ является четвертой причиной смертности в мире, и, как предсказывается, в ближайшие десятилетия будет наблюдаться увеличение ее распространенности и смертности от нее. Заболеваемость растет во всем мире, что связано с увеличением потребления табачных изделий.

Одной из причин быстрого прогрессирования ХОБЛ являются обострения респираторными инфекциями и, как следствие, это ведет к снижению качества жизни, а также к увеличению экономических расходов на лечение. В дополнение к последнему, респираторные инфекции у таких пациентов приводят к декомпенсации сопутствующих хронических заболеваний, повышают риск развития острого инфаркта миокарда и инсульта.

Актуальность инфекционных обострений ХОБЛ практически во всех странах мира обуславливается как медицинской, так и социальной стороной. Как известно, хронический бронхит является составной частью ХОБЛ и его распространенность в странах Европы колеблется от 3,7 до 6,7%. По данным Malhotra H.S. (2002) частота обострений у пациентов с хроническим бронхитом варьирует – от 1 до 4 раз в год, по данным британских ученых Morris S. et al. (2002), как минимум 5% всех смертей связаны с хроническим бронхитом.

Согласно результатам эпидемиологических исследований Roche N. et al. (2004), Anto J.M. et al. (2001) хронической обструктивной болезнью легких в странах Европы и Северной Америки страдают от 4% до 15% взрослого населения.

Согласно утверждению Lopez A.D. et al. (2006) ХОБЛ является одной из основных причин хронической заболеваемости и смертности во всем мире, многие люди долгие годы страдают данным заболеванием и преждевременно умирают от него или его осложнений. В течение ближайших десятилетий прогнозируется рост заболеваемости ХОБЛ в результате сохраняющегося влияния факторов риска и старения популяции.

По прогнозам Mathers C.D, Loncar D. (2006), распространенность ХОБЛ и ущерб от нее в ближайшие десятилетия будут увеличиваться, это обусловлено как продолжающимся воздействием факторов риска ХОБЛ, так и изменениями возрастной структуры населения мира.

Этиологическая структура прогрессирующих респираторных заболеваний

Как известно, прогрессирующие респираторные заболевания характеризуется периодически возникающими обострениями, которые приводят к ухудшению респираторной функции, а также вызывают декомпенсацию сопутствующей патологии, что может стать причиной летального исхода. Считается, что в 50–60 % случаев обострений прогрессирующих респираторных заболеваний причинами являются бактерии.

Уровень резистентности микроорганизмов к антибиотикам постоянно изменяется, а вот этиологическая структура респираторных инфекций остается практически стабильной. По данным российских исследователей основным возбудителем инфекционных обострений ХОБЛ является Haemophilus influenzae - не менее 30% от общего числа обострений, на долю Streptococcus pneumoniae приходится около 20% случаев, что касается Moraxella catarrhalis., то здесь этот показатель не превышает 1%. В то время как в США и странах Западной Европы Moraxella catarrhalis является причиной инфекционных обострений ХОБЛ в 13% случаях. Таким образом, Streptococcus pneumoniae, Haemophilus influenzae являются ведущими возбудителями инфекционных обострений ХОБЛ в России.

Обобщая имеющиеся данные об этиологии инфекций нижних дыхательных путей, отмечено, что константа структуры ключевых возбудителей респираторных инфекций включает Streptococcus pneumoniae, Haemophilus influenzae и Moraxella catarrhalis.

При исследовании образцов мокроты больных с тяжелыми обострениями прогрессирующих респираторных заболеваний чаще обнаруживаются грамотрицательные энтеробактерии и синегнойная палочка. Причинами возрастающей роли представителей семейства Enterobacteriaceae являются возраст старше 65 лет, сопутствующие хронические заболевания, показатель $ОФВ_1$ <50%. Необходимо отметить, что одним из факторов риска инфицирования синегнойной палочки являются недавняя госпитализация, частое назначение антибиотиков (более четырех курсов за год), а также выделение Pseudomonas aeruginosa в предшествующие периоды обострения.

Бактериальный фактор в генезе развития обострений у больных с прогрессирующими респираторными заболеваниями играет ведущую роль в назначение антибактериальных препаратов. Наряду с основными возбудителями респираторных инфекций, такими как Streptococcus pneumoniae, Haemophilus influenzae и Moraxella catarrhalis, наиболее часто провоцируют обострение и атмосферные поллютанты. Результаты проводимых исследований Monso E. et al.(1995), Pela R. et al. (1998) с помощью бронхоскопических методов забора материала показали, что не менее чем у половины данной категории больных можно обнаружить бактерии, однако большую часть этиологии, даже при тщательно выполненных исследованиях, установить не удается.

Мониторинг этиологической структуры мокроты больных с прогрессирующими респираторными заболеваниями (собственные исследования)

Нами был проведен мониторинг микробного пейзажа мокроты больных с прогрессирующими респираторными заболеваниями.

В течение с 2009 по 2013 годы проведено проспективное бактериологическое исследование больных с прогрессирующими респираторными заболеваниями, находившихся на стационарном лечении в отделениях терапевтического профиля Национального научного медицинского центра. Бактериологическому исследованию подвергалась мокрота данных больных. Первичный посев клинического материала проводили количественным методом на питательные среды в соответствии с нормативными документами. Идентификацию и определение антибиотикочувствительности выделенных чистых культур микроорганизмов проводили на микробиологических компьютерных анализаторах «Microtax», «MiniAPI» и «Vitek 2 – Compact».

За этиологический фактор принимались только те виды микроорганизмов, которые выделялись из мокроты в количестве 10^6 КОЕ в 1 мл и выше.

Полученные результаты подвергали статистической обработке. Определяли: средние величины, ошибку средней (m), t-критерий Стьюдента, уровень доверительного интервала (p). Результаты считали достоверными, если вероятность нуль-гипотезы не превышала 0,05 ($p < 0,05$).

В наблюдаемый период нами при бактериологическом исследовании мокроты от больных с прогрессирующими респираторными заболеваниями было выделено 838 штамма бактерий. Идентификация на микробиологических компьютерных анализаторах позволила выявить 32 вида микроорганизмов, играющих этиологическую роль в возникновении обострений прогрессирующих респираторных заболеваний (таблица 1).

Из 838 штаммов бактерий 545 изолятов относились к 12 видам рода Streptococcus, что составило 65,0%. 337 культур относились к виду Streptococcus pneumoniae. От общего количества выделенных из мокроты культур процент выделения пневмококка составил 40,2%.

Таблица 1 - Микробный пейзаж мокроты у больных с прогрессирующими респираторными заболеваниями за 2009-2013 годы

Вид микроорганизма	ХОБЛ		БА		ИБЛ		Хр.бронхит		Итого	
	абс	%M±m	абс	%M±m	абс	%M±m	абс	%M±m	абс	%M±m
Staphylococcus aureus	22	4,3±0,9	4	3,5±1,7	5	5,0±2,1	6	4,8±1,9	37	4,4±0,7
Streptococcus pneumoniae	202	40,2±2,1	50	44,2±4,6	40	40,4±4,9	45	36,2±4,3	337	40,2±1,6
Streptococcus viridans	57	11,3±1,4	11	9,7±2,7	12	12,1±3,2	22	17,7±3,4	102	12,1±1,1
Streptococcus pyogenes	29	5,7±1,0	9	7,9±2,5	8	8,0±2,7	7	5,6±2,0	53	6,3±0,8
Streptococcus salivarius	9	1,7±0,5	3	2,6±1,4	2	2,0±1,4	2	1,6±1,1	16	1,9±0,4
Streptococcus bovis	3	0,5±0,3	-	-	-	-	-	-	3	0,3±0,1
Streptococcus sanguis	2	0,3±0,2	-	-	-	-	2	1,6±1,1	4	0,4±0,2
Streptococcus parasanguis	3	0,5±0,3	1	0,8±0,8	-	-	2	1,6±1,1	6	0,7±0,2
Streptococcus equinus	3	0,5±0,3	-	-	1	1,0±1,0	-	-	4	0,4±0,2
Streptococcus agalactiae	2	0,3±0,2	1	0,8±0,8	-	-	1	0,8±0,8	4	0,4±0,2
Streptococcus oralis	4	0,7±0,3	-	-	2	2,0±1,4	1	0,8±0,8	7	0,8±0,3
Streptococcus mitis	8	1,5±0,5	-	-	1	1,0±1,0	-	-	9	1,0±0,3
Moraxella catarrhalis	80	15,9±1,6	21	18,5±3,6	22	22,2±4,1	20	16,1±3,3	143	17,0±1,2
Moraxella lacunata	5	0,9±0,4	1	0,8±0,8	-	-	3	2,4±1,3	9	0,8±0,3
Enterococus faecalis	1	0,1±0,1	-	-	2	2,0±1,4	1	0,8±0,8	4	0,4±0,2
Enterococus faecium	1	0,1±0,1	1	0,8±0,8	-	-	-	-	2	0,2±0,1
Enterococus hirae	1	0,1±0,1	1	0,8±0,8	-	-	-	-	2	0,2±0,1
Enterococcus durans	22	4,3±0,9	4	3,5±1,7	1	1,0±1,0	7	5,6±2,0	34	4,0±0,6
Haemophilus spp.	4	0,7±0,3	1	0,8±0,8	1	1,0±1,0	1	0,8±0,8	7	0,8±0,3
Escherichia coli	4	0,7±0,3	1	0,8±0,8	-	-	-	-	5	0,5±0,2
Klebsiella pneumoniae	3	0,5±0,3	1	0,8±0,8	-	-	1	0,8±0,8	5	0,5±0,2
Enterobacter cloacae	7	1,3±0,5	-	-	-	-	-	-	7	0,8±0,3
Enterobacter aerogenes	-	-	2	1,7±1,2	-	-	-	-	2	0,2±0,1
Enterobacter agglomerans	2	0,3±0,2	-	-	-	-	-	-	2	0,2±0,1
Serratia marcensens	3	0,5±0,3	-	-	-	-	-	-	3	0,3±0,1
Xanthomonas campestris	2	0,3±0,2	-	-	-	-	-	-	2	0,2±0,1
Acinetobacter baumannii	2	0,3±0,2	-	-	-	-	-	-	2	0,2±0,1
Pseudomonas aeruginosa	13	2,5±0,6	-	-	2	2,0±1,4	3	2,4±1,3	18	2,1±0,4
Pseudomonas putida	3	0,5±0,3	-	-	-	-	-	-	3	0,3±0,1
Brevundimonas diminuta	2	0,3±0,2	-	-	-	-	-	-	2	0,2±0,1
Corynebacterium spp.	1	0,1±0,1	1	0,8±0,8	-	-	-	-	2	0,2±0,1
Candida albicans	2	0,3±0,2	-	-	-	-	-	-	2	0,2±0,1
ИТОГО	502		113		99		124		838	

9

Штаммы Streptococcus viridans были выделены в 12,1%, Streptococcus pyogenes - 6,3%. Остальные виды стрептококков были представлены единичными штаммами.

На втором месте по выделению из мокроты больных с прогрессирующими респираторными заболеваниями были бактерии вида Moraxella catarrhalis – 17,0%.

Микроорганизмы вида Staphylococcus aureus составляли 4,4% от общего количества выделенных штаммов.

Из мокроты больных с обострениями прогрессирующих респираторных заболеваний было выделено 42 культуры 4 видов бактерий рода Enterococcus, что составило 5,1%. Из этого количества, 34 штамма или 4,0% относились к виду Enterococcus durans.

Представители семейства Enterobacteriaceae были выделены из мокроты в 2,9% от общего количества выделенных микроорганизмов и были представлены 5 родами, из которых чаще встречались виды родов Klebsiella и Enterobacter.

Нами из мокроты данной категории больных было выделено 23 штаммов грамотрицательных неферментирующих бактерий – 2,7%. Из этого количества 2,1% относились к виду Pseudomonas aeruginosa.

В тоже время, по данным Козлова Р.С. с соавт. (2009) пневмококки вызывают около 20% случаев инфекционных обострений хронической обструктивной болезни легких, а в нашем данном исследовании этот показатель составил 40,2%.

Таким образом, результаты наших исследований по изучению этиологической структуры мокроты больных с прогрессирующими респираторными заболеваниями показали превалирующую роль в данной патологии Streptococcus pneumoniae, что согласуется с данными многих зарубежных и российских исследований (Samir N.Patel et al.2011, Козлов Р.С. с соавт.2009, Бисенова Н.М. с соавт. 2011).

Однако, годовые процентные показатели выделения данного основного возбудителя сильно варьируют. Например, если в наших же исследованиях в 2007 году Streptococcus pneumoniae из мокроты больных с обострением хронической обструктивной болезни легких выделялся в 18,4%, то в 2008 году от данной категории больных этот возбудитель был уже обнаружен в 29,6% .

Согласно данным российских исследователей (Козлов, 2009) ведущим возбудителем инфекционных обострений хронической обструктивной болезни легких является гемофильная палочка. На ее долю приходится не менее 30% от общего числа всех инфекционнозависимых обострений ХОБЛ. По результатам же наших исследований Haemophilus spp. обнаружена только в 0,8%.

По нашим данным второе место по количеству выделенных штаммов из мокроты больных с прогрессирующими респираторными заболеваниями занимали бактерии вида Moraxella catarrhalis – 17,0%. В странах Западной Европы и США Moraxella catarrhalis является причиной 13% инфекционных обострений ХОБЛ, по данным российских исследований этот показатель не превышает 1%.

В России Streptococcus pneumoniae и Haemophilus spp. являются ведущими возбудителями инфекционных обострений хронической обструктивной болезни легких.

Наши исследования микробного спектра мокроты больных с прогрессирующими респираторными заболеваниями свидетельствуют о превалировании в данном клиническом материале следующих видов бактерий Streptococcus pneumoniae, Moraxella catarrhalis, Streptococcus pyogenes, Staphylococcus aureus.

Таким образом, мониторинг микробного пейзажа мокроты пациентов с респираторными заболеваниями в течение пяти лет (2009-2013 годы) позволяет сделать следующее заключение, что основными возбудителями прогрессирующих респираторных заболеваний в нашем регионе являются Streptococcus pneumoniae - 40,2% и Moraxella catarrhalis – 17,0%.

Антибиотикотерапия обострений прогрессирующих респираторных заболеваний

Основой лечения и профилактики инфекционных заболеваний, а также для разработки комплекса мероприятий по их надзору являются результаты микробиологических и эпидемиологических исследований.

Постоянный мониторинг уровня резистентности к антибиотикам основных возбудителей респираторных инфекций необходим для эффективного лечения инфекционных обострений прогрессирующих респираторных заболеваний.

Необходимо отметить, что рекомендуемый перечень антибиотиков, а также их назначения, включаемые в стандарты лечения, должны периодически пересматриваться и основываться на результатах реальных данных по чувствительности к антибиотикам на основании данных микробиологической лаборатории конкретного лечебного учреждения. Как правило, назначение антимикробных препаратов без определения их чувствительности является одним из ведущих факторов формирования антибиотикорезистентности. В числе приоритетных показаний при назначении антибиотиков должен быть мониторинг антибиотикорезистентности как в стационаре, так и в поликлинике. Одним из путей рационального назначения антибактериальной терапии является экспресс диагностика на идентификацию возбудителей и определения их антибиотикограмм.

Основанием для начала антибактериальной терапии при обострении прогрессирующих респираторных заболеваний является наличие гнойной мокроты. Как известно, наиболее распространенными возбудителями при обострении респираторных заболеваний являются Streptococcus pneumoniae, Haemophilus influenzae и Moraxella catarrhalis. Отсутствие ответа на начальное антибактериальное лечение обуславливает необходимость исследования мокроты на флору и определение антибиотикограмм. Выбор антибиотика должен базироваться на результатах чувствительности выделенных возбудителей, в первую очередь Streptococcus pneumoniae, Haemophilus influenzae и Moraxella catarrhalis.

При разработке национальных и международных руководств по применению антибиотиков учитываются результаты мониторинга антибиотикорезистентности различных исследований, например, Alexander Project, PROTEKT, SENTRY, ANSORP, SOAR и др. Эти крупномасштабные исследования направлены на изучение основных внебольничных патогенов вызывающих респираторные инфекции - Streptococcus pneumoniae, Streptococcus pyogenes, Haemophilus influenzae, Moraxella catarrhalis.

Результаты исследования чувствительности к антибиотикам Streptococcus pneumoniae, полученные при проведении одного из этапов исследования SOAR, проводившегося в странах Африки, Ближнего Востока и Азиатско-Тихоокеанского региона с 2002 по 2011 год, показали следующее: резистентность к пенициллину составляет 56,4%, эритромицину – 66,7%, азитромицину – 66,7%, кларитромицину – 66,7%, офлоксацину – 83,7%. Учитывая полученные результаты о высокой резистентности к макролидам, в исследуемых странах было рекомендовано отказаться от их назначений как препаратов первого выбора и применять в качестве эмпирической терапии амоксициллин (амоксциллин/клавуланат).

По результатам исследования Alexander Project (2000) резистентность пневмококков к эритромицину в странах Юго-Восточной Азии и Японии составляет 50–80%, во Франции и Италии – более 40%, в США – 25%, менее 4% резистентности было зафиксировано в России и Бразилии. Что касается пенициллина, его резистентность составила в Гонконге - 75%; Япония, Мексика, Южная Африка - свыше 50%; Сингапур и США - более 30%; Канада и Бразилия - менее 20%; Россия – 3,2%. Этот показатель составляет более 50% в таких странах Европы, как Испания, Франция и Словакия.

По данным этого же исследования в период с 1998 по 2000 гг., среди исследованных 8882 изолятов резистентность Streptococcus pneumoniae к пенициллину при МИК≥2 мг/мл достигла 18,2%.

Как упоминалось выше, резистентность Streptococcus pneumoniae регистрируется во многих странах мира, однако при этом в значительной степени различаются уровни их устойчивости. Данные исследования PROTEKT показывают, что средний показатель резистентности к пенициллину составил 36,2%, при этом наблюдалась большая амплитуда колебания: в Нидерландах - 3,9%, в США - 43%, в Испании - 53,4%, во Франции - 62%, в Венгрии - 64,9%, в Южной Корее - 81%. Результаты этого же исследования констатируют увеличение резистентности пневмококков к макролидам, при этом для большинства стран этот показатель оказался выше, чем к пенициллину. Устойчивость Streptococcus pneumoniae к макролидам в среднем составляет около 30%, при этом в странах Скандинавии отмечается наименьший показатель < 5%, а на юге Европы и Азии >60%.

Приведенные выше данные показывают, что резистентность патогенов существенно варьирует не только в определенных регионах, но и разных странах, поэтому при выборе препаратов необходимо использовать локальные данные о резистентности микроорганизмов к антибиотикам.

Очевидно, что выбор антибиотика должен базироваться на основе данных о антибиотикочувствительности возбудителей в определенном регионе. Начальная эмпирическая антибактериальная терапия состоит из аминопенициллинов (с добавлением клавулановой кислоты или без нее), макролидов или тетрациклинов. Обязательным должно быть проведение бактериологического исследования мокроты или других образцов, полученных из легких у пациентов с частыми обострениями, сопровождающиеся ограничение скорости воздушного потока, что позволяет выявить резистентных возбудителей нечувствительных к вышеперечисленным антибиотикам. Способность пациента принимать пищу, а также фармакокинетика препарата влияет на путь введения антибиотика, но предпочтительным является пероральный прием препаратов.

Анализ антибиотикограмм основных возбудителей, выделенных из мокроты больных с прогрессирующими респираторными заболеваниями (собственные исследования)

Исследование этиологической структуры мокроты больных с прогрессирующими респираторными заболеваниями в течение пяти лет (2009-2013 годы) показало, что в нашем регионе основным возбудителем респираторных инфекций является Streptococcus pneumonia - 40,2%.

В связи с этим представлялся интересным мониторинг антибиотикограмм основного бактериального возбудителя данной патологии. Динамика антибиотикочувствительности штаммов Streptococcus pneumoniae, выделенных из мокроты больных с прогрессирующими респираторными заболеваниями за наблюдаемый промежуток времени представлена в таблице 2.

Из таблицы 2 видно, что абсолютную 100% чувствительность культуры Streptococcus pneumoniae имели к ванкомицину. что согласуется с данными российских и зарубежных исследователей

Уровень чувствительности пневмококков к бета-лактамам колебался от 58,6% процентов к пенициллину до 81,1% к цефуроксиму. Высокую активность в отношении пневмококка демонстрировали цефалоспорины III поколения – цефуроксим – 81,1%, а также цефтриаксон – 79,1%, чувствительность к которым колебалась в наблюдаемые годы соответственно от 75,7% до 85,2% и 62,5% до 87,5%.

К бензилпенициллину и ампициллину было чувствительно соответственно 58,6% и 81,4% выделенных пневмококков.

Из фторхинолонов наибольшую активность в отношении свежевыделенных штаммов Streptococcus pneumoniae показал левофлоксацин – в среднем 84,7% чувствительных штаммов. Офлоксацин по результатам наших наблюдений оказывал антибактериальную активность на 76,7% изолятов пневмококка.

Макролидные антибиотики по нашим наблюдениям имели процентный показатель активности в отношении пневмококков ниже 50%. Наиболее низкий уровень чувствительности изолятов Streptococcus pneumoniae наблюдался к эритромицину – 47,1%, азитромицину - 49,5% и рокситромицину – 49,2%.

Таблица 2 - Антибиотикочувствительность штаммов Streptococcus pneumoniae, выделенных из мокроты больных с прогрессирующими респираторными заболеваниями за 2009-2013 годы

Антибиотик	Годы				
	2009	2010	2011	2012	2013
	%M±m	%M±m	%M±m	%M±m	%M±m
Бета-лактамы					
Ампициллин	80,2±4,5	72,4±8,3	84,6±7,0	64,0±6,7	50,0±3,3
Бензилпенициллин	61,8±5,5	50,0±8,8	63,3±8,7	62,1±5,9	46,1±9,7
Цефалексин	73,6±5,0	58,6±9,1	63,6±14,5	52,1±7,3	43,4±10,3
Цефотаксим	89,4±3,5	62,5±8,5	80,0±7,3	90,6±3,6	55,5±9,5
Цефтриаксон	78,9±4,6	62,5±8,8	86,6±6,2	87,5±4,7	69,5±9,6
Цефтазидим	69,6±8,0	58,0±8,8	55,5±9,5	51,5±6,2	44,0±9,9
Цефуроксим	75,7±7,4	83,8±6,6	80,0±7,3	85,2±4,5	76,0±8,5
Хинолоны					
Ципрофлоксацин	63,6±8,3	75,0±7,6	76,1±9,3	62,0±6,3	41,6±10
Офлоксацин	82,8±4,3	85,7±6,6	94,4±5,4	63,6±7,2	56,5±10,3
Левофлоксацин	91,7±3,2	86,2±6,4	92,3±7,3	79,1±8,2	64,0±9,6
Макролиды					
Кларитромицин	77,6±4,7	50,0±9,1	53,8±9,7	43,4±7,3	34,7±9,9
Азитромицин	72,0±5,1	39,2±9,2	51,8±9,6	35,4±6,0	26,9±8,6
Эритромицин	66,2±5,4	31,2±8,1	51,7±9,2	36,0±6,0	26,6±8,0
Рокситромицин	52,0±5,8	51,8±9,6	65,3±9,3	41,6±7,1	34,7±9,9
Линкозамиды					
Линкомицин	79,1±4,7	72,4±8,3	65,3±9,3	51,7±6,6	56,6±10,3
Клиндомицин	80,2±4,5	71,8±7,9	60,8±10,1	56,0±6,4	67,8±8,8
Гликопептиды					
Ванкомицин	100	100	100	100	100
Другие препараты					
Рифампицин	91,3±3,3	92,8±4,8	100	97,2±2,7	95,6±4,2

Полученные нами данные о 100% чувствительности культуры Streptococcus pneumoniae к ванкомицину. согласуются с данными российских и зарубежных исследователей.

Результаты российского исследования ПеГАС за 2006 - 2009 годы показали, что чувствительные к цефтриаксону штаммы пневмококка составили 99,0%, по нашим данным процент чувствительных к цефтриаксону 79,1 чувствительных штаммов.

Наши данные по чувствительности Streptococcus pneumoniae к пенициллину (58,6% чувствительных штаммов) согласуются с данными исследования SOAR в странах Африки и Ближнего Востока, где было выявлено 61,5% пенициллинчувствительных штаммов. По данным российского исследования ПеГАС в 2006 - 2009 гг. чувствительные к пенициллину штаммы составили 88,8%. Результаты надзора за антимикробной резистентностью в Европе в 2012 году показывают что, частота выделения Streptococcus pneumoniae, резистентных к пенициллину, колеблется от менее 1% в Эстонии; 1-5% в Бельгии, Нидерландах, Ирландии, Великобритании, Чехии; 5-10% в Германии, Австрии, Норвегия, Дании; 10-25% во Франции, Италии, Венгрии до 10-25% в Испании, Румынии, Болгарии.

Из фторхинолонов наибольшую активность в отношении свежевыделенных штаммов Streptococcus pneumoniae показал левофлоксацин – в среднем 84,7% чувствительных штаммов. По данным исследования ПеГАС в 2006 - 2009 гг. чувствительность пневмококков к левофлоксацину на территории России составила 100%. Офлоксацин по результатам наших наблюдений оказывал антибактериальную активность на 76,7% изолятов пневмококка. По данным надзора за антимикробной резистентностью в Европе в 2012 году, частота выделения Streptococcus pneumoniae, резистентных к фторхинолонам. составила 5,2%.

Полученные данные показали низкий уровень чувствительности изолятов Streptococcus pneumoniae к эритромицину – 47,1% и азитромицину - 49,5%. По результатам российского исследования ПеГАС в 2006 - 2009 гг. чувствительные к эритромицину штаммы составили 95,4% , а к азитромицину - 92,7%.

Таким образом, наши динамичные наблюдения за антибиотикочувствительностью Streptococcus pneumoniae, выделенных из мокроты больных с прогрессирующими респираторными заболеваниями в течение пяти лет позволяют сделать следующие **выводы:**

1. **Абсолютную 100% чувствительность культуры Streptococcus pneumoniae имели к ванкомицину.**

2. **Левофлоксацин, цефуроксим, цефтриаксон проявляли антибактериальную активность более чем на 80% изученных штаммов Streptococcus pneumoniae.**

Заключение

Как известно, прогрессирующие респираторные заболевания характеризуется периодически возникающими обострениями, которые приводят к ухудшению респираторной функции, а также вызывают декомпенсацию сопутствующей патологии, что может стать причиной летального исхода.

Наши исследования микробного спектра мокроты больных с прогрессирующими респираторными заболеваниями свидетельствуют о превалировании следующих видов бактерий Streptococcus pneumoniae, Moraxella catarrhalis. Streptococcus pyogenes, Staphylococcus aureus.

Мониторинг микробного пейзажа мокроты пациентов с респираторными заболеваниями в течение пяти лет (2009-2013 годы) позволяет сделать следующее **заключение, что основными возбудителями прогрессирующих респираторных заболеваний** в нашем регионе **являются Streptococcus pneumoniae - 40,2% и Moraxella catarrhalis – 17,0%.**

Бактериальный фактор в генезе развития обострений у больных с прогрессирующими респираторными заболеваниями играет ведущую роль в назначение антибактериальных препаратов.

Несмотря на существование в настоящее время общей тенденции резистентности доминирующих респираторных возбудителей, существенно варьирующей в различных странах и целых регионах, одним из главных аргументов при выборе антибактериального препарата должны быть локальные данные по антибиотикочувствительности.

Наши динамичные наблюдения за антибиотикочувствительностью Streptococcus pneumoniae, выделенных из мокроты больных с прогрессирующими респираторными заболеваниями в течение пяти лет показали:

✓ Абсолютную 100% чувствительность культуры Streptococcus pneumoniae имели к ванкомицину.

✓ Левофлоксацин, цефуроксим, цефтриаксон проявляли антибактериальную активность на более чем у 80% изученных штаммов Streptococcus pneumoniae.

✓ К бензилпенициллину и ампициллину было чувствительно соответственно 58,6% и 81,4% выделенных пневмококков.

✓ Низкий уровень чувствительности изолятов Streptococcus pneumoniae к эритромицину – 47,1% и азитромицину – 49,5%.

Необходимо:

1. Назначать антибиотики больным с инфекционными обострениями прогрессирующих респираторных заболеваний необходимо с учетом локальных данных по антибиотикочувствительности.

2. Обязательно проводить коррекцию стартовой антимикробной терапии на основании результатов микробиологического исследования и динамики состояния пациента.

3. Мониторинг чувствительности микроорганизмов к антибиотикам должен стать рутинным как в поликлинике, так и в стационаре.

ЧУВСТВИТЕЛЬНОСТЬ STREPTOCOCCUS PNEUMONIAE, ВЫДЕЛЕННЫХ ИЗ МОКРОТЫ БОЛЬНЫХ С ОБОСТРЕНИЕМ ХОБЛ

Несмотря на прогресс современной пульмонологии, проблема хронических обструктивных болезней легких остается актуальной и в настоящее время.

Доминирующими микроорганизмами при бактериологическом исследовании образцов мокроты у больных с ХОБЛ наиболее вероятными возбудителями являются Streptococcus pneumoniae и Moraxella catarrhalis, удельный вес которых, по данным разных исследований составляет 7-26% и 9-20% соответственно. Реже выделяются Haemophilus parainfluenzae, Staphylococcus aureus, Pseudomonas aeruginosa и представители семейства Enterobacteriaceae.

Эмпирическая антибактериальная терапия инфекционных обострений при ХОБЛ предусматривает выбор препаратов, активных в отношении наиболее вероятных бактериальных возбудителей с учетом распространенности и механизмов приобретенной устойчивости к различным классам антимикробных препаратов.

В настоящее время всё большую актуальность приобретает проблема распространения резистентных к пенициллину штаммов пневмококка. Устойчивость возбудителя к β-лактамам связана с модификацией мишени действия антибиотиков - пенициллиносвязывающих белков. Частота выделения S.pneumoniae, резистентных к пенициллину (ПРП), колеблется от 6% в Новой Зеландии до 50% и более в Испании, Франции, странах Азии. Многие из таких штаммов обладают устойчивостью и к другим классам антимикробных средств.

В настоящее время активными против пенициллинорезистентных пневмококков остаются респираторные фторхинолоны (левофлоксацин, моксифлоксацин). Кроме того, указанные препараты сохраняют активность и против пневмококков, резистентных к макролидам.

21

С учетом быстрых темпов развития антибиотикорезистентности эмпирическая антибактериальная терапия обострений ХОБЛ должна базироваться на данных о факторах риска развития резистентности и чувствительности к антибиотикам в различных регионах.

В России среди штаммов пневмококка, включённых в исследование ПеГАС в 2006 - 2009 гг. (n=715), умеренно резистентные к пенициллину штаммы составили 9,1%. Все выделенные штаммы S.pneumoniae были чувствительны к амоксициллину/клавуланату, левофлоксацину. Частота резистентности к кларитромицину составила 5,7%, азитромицину 6,4%. Наиболее высокий уровень устойчивости был отмечен к тетрациклину (21,5%) и ко-тримоксазолу (16,6%); умеренно резистентными к последнему оказались 22,4% исследованных штаммов пневмококка. Полученные данные свидетельствуют о сохранении высокой антипневмококковой активности β-лактамов и макролидов и одновременно диктуют необходимость ограничения использования тетрациклина и ко-тримоксазола у пациентов, переносящих обострение ХОБЛ.

Большой популярностью в клинической практике пользуются макролиды из-за особенностей фармакокинетических и фармакодинамических параметров, а также хорошего профиля безопасности. Эти препараты являются альтернативой бета-лактамам при лечении нетяжелых пневмококковых инфекций и, в частности, у пациентов с аллергией на выше названные препараты. Растущий объем потребления макролидов обусловил появление и широкое распространение штаммов с высоким уровнем устойчивости к макролидам во всем мире.

По данным исследования PROTEKT и SAUCE-4, резистентность пневмококков к эритромицину в США составила 29,3% в Испании – 81,3% и в Японии – 81,9%.

Несмотря на общие тенденции "профиль" устойчивости ключевых респираторных возбудителей существенно варьирует от страны к стране и отдельных регионах, поэтому при выборе препаратов наиболее целесообразно руководствоваться локальными данными по резистентности микроорганизмов к антимикробным препаратам.

В связи с этим представлялось актуальным исследование чувствительности к антибиотикам пневмококка, выделенных у пациентов с обострениями ХОБЛ в конкретном регионе.

Целью исследования явилось изучение антибиотикорезистентности Streptococcus pneumoniae, выделенных из мокроты у лиц с высоким риском развития ХОБЛ.

Материалы и методы

Проведено количественное бактериологическое исследование больных с обострением ХОБЛ, находящихся на стационарном лечении в отделениях терапевтического профиля Национального научного медицинского центра в 2010-2012 годах. Количественному бактериологическому исследованию подвергалась мокрота данных больных. Антибиотикочувствительность выделенных штаммов определяли на микробиологических компьютерных анализаторах «Vitek 2 – Compact», «Микротакс», «Mini Api» и диско-диффузионным методом, согласно методическим указаниям «Определение чувствительности микроорганизмов к антибактериальным препаратам», 2004г.

Результаты и обсуждение

При количественном бактериологическом исследовании мокроты больных с респираторными инфекциями нижних дыхательных путей, за этиологический фактор принимались только те виды микроорганизмов, которые выделялись из мокроты в количестве 10^6 КОЕ в 1 мл и выше.

Результаты проведенных исследований показали, что основным бактериальным возбудителем инфекций нижних дыхательных путей за 2010-2012 годы являлся Streptococcus pneumoniae.

Сравнительный анализ чувствительности Streptococcus pneumoniae, выделенных из мокроты больных с обострением ХОБЛ за 2010-2012 годы приведен в таблице 3.

Из таблицы 3 видно, что абсолютную чувствительность культуры Streptococcus pneumoniae имели к ванкомицину. Также высокий уровень чувствительности, более 90% данные штаммы проявили к рифампицину, от 92,8% до 100%.

Из хинолонов, в течение наблюдаемого периода, стабильно высокой была чувствительность изученных штаммов Streptococcus pneumoniae к левофлоксацину от 86,2% до 92,3%. За три года наблюдалось недостоверное снижение чувствительности пневмококков к офлоксацину и ципрофлоксацину.

Исследование показало, что уровень чувствительности исследованных штаммов Streptococcus pneumoniae к цефуроксиму и цефтриаксону в динамике за три года составил в среднем 84% и 85% соответственно.

Ожидаемыми оказались полученные нами данные по резистентности пневмококков к пенициллину – 58% в среднем за три года.

Для макролидов – азитромицина и эритромицина эти показатели составили 35% и 31% соответственно.

Наше исследование продемонстрировало, что более 50% выделенных стрептококков являются ПРП. Таким образом, мы получили сходные данные по распространенности ПРП со странами.

Высокая резистентность к пенициллину диктует необходимость ограничения использования этого препарата для лечения пневмококковых инфекции в нашем регионе. Отчетливо видна тенденция формирования резистентности к макролидам – к эритромицину и азитромицину.

Таким образом, проведенные нами исследования показали левофлоксацин, цефуроксиму и цефтриаксону является наиболее активными препаратами в отношении Streptococcus pneumoniae.

В заключении следует отметить, что резистентность к антимикробным препаратам является динамично изменяющимся показателем. Данный факт диктует необходимость проведения постоянного мониторинга чувствительности на национальном, региональном и локальном уровнях с последующим обновлением (при необходимости) рекомендаций по эмпирической и этиотропной терапии.

Таблица 3 - Антибиотикочувствительность штаммов Streptococcus pneumoniae, выделенных из мокроты больных с обострением ХОБЛ за 2010-2012

Вид антибиотика	Годы		
	2010	2011	2012
	M±m%	M±m%	M±m%
Бета-лактамы			
Ампициллин	72,4±8,3	84,6±7,0	64,0±6,7
Бензилпенициллин	50±8,8	63,3±8,7	62,1±5,9
Цефалексин	58,6±9,1	63,6±14,5	52,1±7,3
Цефотаксим	62,5±8,5	80±7,3	90,6±3,6
Цефтриаксон	82,5±8,8	86,6±6,2	87,5±4,7
Цефтазидим	58,0±8,8	55,5±9,5	51,5±6,2
Цефуроксим	83,8±6,6	80±7,3	85,2±4,5
Хинолоны			
Ципрофлоксацин	75±7,6	76,1±9,3	62,0±6,3
Офлоксацин	85,7±6,6	94,4±5,4	63,6±7,2
Левофлоксацин	86,2±6,4	92,3±7,3	89,1±8,2
Макролиды			
Кларитромицин	50±9,1	53,8±9,7	43,4±7,3
Азитромицин	39,2±9,2	51,8±9,6	35,4±6,0
Эритромицин	31,2±8,1	51,7±9,2	36,0±6,0
Рокситромицин	51,8±9,6	65,3±9,3	41,6±7,1
Линкозамиды			
Линкомицин	72,4±8,3	65,3±9,3	51,7±6,6
Клиндомицин	71,8±7,9	60,8±10,1	56,0±6,4
Гликопептиды			
Ванкомицин	100	100	100
Другие препараты			
Рифампицин	92,8±4,8	100	97,2±2,7

Исследование показало, что уровень чувствительности исследованных штаммов Streptococcus pneumoniae к цефуроксиму и цефтриаксону в динамике за три года составил в среднем 84% и 85% соответственно.

Ожидаемыми оказались полученные нами данные по резистентности пневмококков к пенициллину – 58% в среднем за три года. Для макролидов – азитромицина и эритромицина эти показатели составили 35% и 31% соответственно. К левофлоксацину исследованные штаммы пневмококков имели наибольную чувствительность более 90%. Таким образом левофлоксацин является наиболее активным препаратом в отношении S. pneumoniae.

Наше исследование продемонстрировало, что более 50% выделенных стрептококков являются ПРП. Таким образом, мы получили сходные данные по распространенности ПРП со странами.

Высокая резистентность к пенициллину диктует необходимость ограничения использования этого препарата для лечения пневмококковых инфекции в нашем регионе. Отчетливо видна тенденция формирования резистентности к макролидам – к эритромицину и азитромицину.

В заключении следует отметить, что резистентность к антимикробным препаратам является динамично изменяющимся показателем. Данный факт диктует необходимость проведения постоянного мониторинга чувствительности на национальном, региональном и локальном уровнях с последующим обновлением (при необходимости) рекомендаций по эмпирической и этиотропной терапии.

МОНИТОРИНГ БАКТЕРИАЛЬНОГО СПЕКТРА МОКРОТЫ БОЛЬНЫХ С ПНЕВМОНИЕЙ И ОБОСТРЕНИЕМ ХОБЛ

Инфекции дыхательных путей являются самыми частыми инфекционными заболеваниями у человека. Несмотря на наличие в арсенале врача большого количества антибактериальных препаратов разных классов, результаты лечения этих заболеваний не улучшаются, В последние годы во многих странах мира отмечается рост хронической обструктивной болезни легких и пневмоний.

Внебольничная пневмония относится к наиболее частым бактериальным инфекциям человека и занимает 1-е место среди причин смерти от инфекционных заболеваний: Баймаканова, Зубаирова, Авдеев, Чучалин (2009); Ландышев, Бабич (2010). Летальность от ВП оказывается наименьшей у лиц молодого и среднего возраста. Однако у пожилых пациентов с тяжелой сопутствующей патологией, живущих в домах престарелых, а также при тяжелой ВП этот показатель возрастает до 15-30 %.

ХОБЛ является одним из наиболее распространенных заболеваний, что обусловлено загрязнением окружающей среды, табакокурением и повторяющимися респираторными инфекционными заболеваниями. В развитых и развивающихся странах отмечается устойчивая тенденция к увеличению распространенности ХОБЛ: Лещенко, Овчаренко, Шмелев (2004). Эксперты Европейского респираторного общества считают, что адекватное лечение может значительно улучшить качество и продолжительность жизни больных, страдающих этим заболеванием: Санджай Сэти, Нэнси Эванс (2003). Ухудшение состояния и случаи смерти у людей, страдающих ХОБЛ, чаще всего связаны с обострениями данного заболевания. Во многих случаях обострение ХОБЛ развивается за счет бактериальной инфекции: Санджай Сэти, Нэнси Эванс (2003); Миронов, Савицкая, Воробьев (2000).

Микробиологические особенности респираторных инфекций характеризуются динамическим изменением видовой структуры возбудителей.

27

Поэтому необходим постоянный микробиологический мониторинг за видовым составом, свойствами и структурой антибиотикорезистентности возбудителей, что в свою очередь должно определять выбор препаратов для антибиотикотерапии.

Данная работа посвящена сравнительному анализу этиологической структуры мокроты больных с пневмониями и обострением хронической обструктивной болезни легких.

Материалы и методы

Проведено количественное бактериологическое исследование больных с пневмонией и больных с обострением ХОБЛ, находившихся на стационарном лечении в отделениях терапевтического профиля Национального научного медицинского центра МЗ РК в 2007 - 2011 годах. Количественному бактериологическому исследованию подвергалась мокрота данных больных. Первичный посев клинического материала проводили на кровяной агар, желточно-солевой агар, Калина – агар, среду Эндо и агар Сабуро. Микроорганизмы, после выделения чистой культуры и окраски по Граму, идентифицировали на микробиологических компьютерных анализаторах «Микротакс» (Austria) и «Mini- Api» (Франция).

Антибиотикочувствительность выделенных штаммов определяли на микробиологических компьютерных анализаторах «Микротакс» и «MiniAPI» и диско-диффузионным методом, согласно методическим указаниям «Определение чувствительности микроорганизмов к антибактериальным препаратам», 2004 г.

Результаты и обсуждение

При количественном бактериологическом исследовании мокроты больных с респираторными инфекциями нижних дыхательных путей выявлено 46 видов бактерий, однако многие виды были представлены единичными штаммами. За этиологический фактор принимались только те виды микроорганизмов, которые выделялись из мокроты в количестве 10^6 КОЕ в 1 мл и выше.

Сравнительный анализ спектра микрофлоры мокроты больных с обострением ХОБЛ и пневмонией за 2007 – 2011 годы приведен в таблице 4.

Из мокроты больных с респираторными инфекциями выделялось 15 видов стрептококков, но основными были Streptococcus pneumoniae, Streptococcus pyogenes. Остальные виды стрептококков встречались в единичных случаях.

Результаты проведенных исследований показали, что основным бактериальным возбудителем инфекций нижних дыхательных путей за 2007-2011 годы являлся Streptococcus pneumoniae. Процентный показатель выделения пневмококка из мокроты больных с пневмонией в 2007 году составил 35,7%, что было достоверно выше аналогичного показателя больных с обострением ХОБЛ – 18,4%. В 2008 году Streptococcus pneumoniae из мокроты больных с пневмонией был выделен в 45,6% случаях, а из мокроты больных с обострением ХОБЛ этот показатель был достоверно ниже и составил 29,6%. В 2009 году наблюдалось увеличение процента выделения пневмококков от больных с обострением ХОБЛ до 41,6%, но все равно этот процент был ниже,чем у больных с пневмонией. В 2010 году процент обнаружения Streptococcus pneumoniae у данной категории больных опять уменьшился и составил 27,5%. В среднем за пять лет наблюдения Streptococcus pneumoniae от больных с пневмонией выделялся в 41,6% случаях, а из мокроты больных с обострением ХОБЛ в 30,7%.

Streptococcus pyogenes в наблюдаемый период у больных с ХОБЛ в мокроте встречался от 3,4% в 2010 году до 6,6% в 2009 году. В эти же годы выделение Streptococcus pyogenes от больных с пневмонией составило 3,5% в 2008 году до 7,0% в 2007 году. Достоверной разницы в процентных показателях выявления Streptococcus pyogenes от больных пневмонией и больных с обострением ХОБЛ нами не обнаружено. В итоге за все годы наблюдения высеваемость Streptococcus pyogenes из мокроты больных с обострением ХОБЛ составила 5,6%, а от больных с пневмонией 4,7%.

Таблица 4 - Сравнительный анализ основных бактериальных возбудителей, выделенных из мокроты больных с обострением ХОБЛ и пневмонией

Вид микроорганизма	Годы									
	2007		2008		2009		2010		2011	
	ХОБЛ %M±m	ПН %M±m	ХОБЛ %M±m	ПН %M±m	ХОБЛ %M±m	ПН %M±m	ХОБЛ %M±m	ПН %M±m	ХОБЛ %M±m	ПН %M±m
Staphylococcus aureus	3,4±1,2	1,7±0,6	5,9±2,0	-	7,1±1,9	5,3±2,6	4,3±1,8	2,8±1,9	4,5±4,4	2,8±1,9
Streptococcus pneumoniae	18,4±2,6	35,7±4,5	29,6±3,9	45,6±6,5	41,8±3,7	48±5,8	27,5±4,1	35,2±5,6	36,3±10,2	43,4±6,0
Streptococcus pyogenes	6,3±1,6	7,0±2,4	5,9±2,0	3,5±2,4	6,6±1,8	2,7±1,9	3,4±1,6	5,6±2,7	5,7±2,7	4,5±4,4
Moraxella catarrhalis	27,6±2,9	25,2±4,1	19,2±3,3	14,0±4,5	21,4±3,0	22,6±4,8	17,2±3,5	19,7±4,7	13±4,0	9,0±6,1
Enterococcus spp.	11,2±2,0	6,0±2,2	7,4±2,2	10,5±4,0	5,4±1,6	2,6±1,8	7,7±2,4	1,4±1,3	13,6±7,3	-
Enterobacteriaceae	5,0±1,4	2,6±1,5	4,4±1,7	-	1,6±0,9	-	3,4±1,6	2,8±1,9	2,8±1,9	-
Pseudomonas aeruginosa	0,8±0,5	-	2,2±1,2	-	2,2±1,1	-	1,7±1,2	1,4±1,3	4,3±2,4	4,5±4,4
Candida spp.	0,4±0,4	1,7±1,2	-	3,5±2,4	-	1,3±1,3	-	4,2±2,3	1,4±1,4	-

Staphylococcus aureusв 2007 году из мокроты больных с пневмонией был выделен в 1,7%, а от больных с обострением ХОБЛ процент выделения данного возбудителя был в два раза выше. В 2008 году Staphylococcus aureus не выделялся из мокроты больных с пневмонией, в то время как из мокроты больных с обострением ХОБЛ, бактерии этого вида были выделены в 5,9% случаях. В последующие годы наблюдения Staphylococcus aureus встречался и в мокроте больных с пневмонией, но процентный показатель встречаемости данных микроорганизмов при обострении ХОБЛ был все-таки выше. В итоге, за наблюдаемый период, средний процент выделения золотистого стафилококка из мокроты больных с обострением ХОБЛ был выше и составил 5,0%, а при пневмонии аналогичный показатель был 2,5%.

На втором месте после Streptococcus pneumoniae по частоте выделения из мокроты больных с респираторными инфекциями в 2007 - 2011 годах находились микроорганизмы вида Moraxella catarrhalis. Из таблицы видно, что достоверной разницы в выделении Moraxella catarrhalis от больных с пневмонией и обострением ХОБЛ не обнаружено.

Бактерии рода Haemophylus из мокроты больных пневмонией выделялись в 2,9%, в то время как аналогичный показатель от больных с обострением ХОБЛ составил 1,6%.

Из мокроты больных с обострением ХОБЛ выделялось четыре вида энтерококков, и процентный показатель за пять лет составил 9,1,%. От больных с пневмонией за аналогичный период было выделено два вида энтерококков в 4,1% случаях.

От больных с обострением ХОБЛ в 3,5% случаях выделялись условно патогенные энтеробактерии семи видов. От больных с пневмонией было выделено два вида энтеробактерий в 1,1%.

Pseudomonas aeruginosa была изолирована из мокроты больных с обострением ХОБЛ в 2,2%, в то время, как от больных с пневмонией показатель высева синегнойной палочки был равен 1,2%.

Таким образом, результаты наших исследований по изучению этиологической структуры мокроты больных с воспалительными заболеваниями дыхательных путей за 2007-2011 годы позволяют сделать следующие выводы:

1. Основным бактериальным возбудителем, как пневмонии, так и обострения ХОБЛ являлся Streptococcus pneumoniae, который был выделен соответственно 41,6% и 30,7%.

2. При ХОБЛ достоверно чаще ($P < 0,05$) наблюдается выделение в этиологически значимых концентрациях условно-патогенных энтеробактерий и энтерококков.

МИКРОБИОЛОГИЧЕСКИЙ МОНИТОРИНГ БОЛЬНЫХ ДЕТСКОЙ КАРДИОХИРУРГИИ

В структуре общей заболеваемости респираторные заболевания составляют у детей 50 %. Микробиоценоз слизистых верхних дыхательных путей различен и представляет собой сложную систему, многие компоненты которой весьма зависимы от воздействия окружающей среды и состояния организма, прежде всего от состояния лимфоидного глоточного кольца. Этиологическими факторами развития бактериального инфекционно-воспалительного процесса в дыхательных путях являются так называемые респираторные патогены: пневмококки (Streptococcus pneumoniae), гемолитические стрептококки группы А (чаще Streptococcus pyogenes и viridans), гемофильная палочка, микоплазма пневмонии, хламидия пневмонии, моракселла катарралис.

Анализ чувствительности основным возбудителей бактериальных инфекций дыхательных путей к антибиотикам имеет важное значение для рациональной антибактериальной терапии.

Специфика отделений реанимации и интенсивной терапии, связанная с нахождением большинства пациентов на искусственной вентиляции легких, тяжесть их состояния, усугубляющаяся нарушением дренажной функции бронхов и застойными явлениями, а также использование инвазивных методов терапии способствуют возникновению у них инфекционных осложнений.

Цель настоящего исследования мониторинг микробиологических показателей у взрослых больных отделения кардиохирургической реанимации. Микробиологический скрининг позволяет констатировать возможную смену патогенов, а также уровня их антибиотикочувствительности.

Цель настоящего исследования изучение микробного пейзажа и антибиотичувствительности основных возбудителей у пациентов детской кардиохирургии.

Материалы и методы

Под динамичным наблюдением находились больные отделения детской кардиохирургии Национального научного медицинского центра. Количественному бактериологическому исследованию подвергалось содержимое респираторного тракта.

Первичный посев материала проводили на различные питательные среды в соответствии с нормативной документацией. Идентификацию и определение чувствительности к антибиотикам выделенных чистых культур бактерий и грибов проводили на микробиологическом компьютерном анализаторе «Vitek 2-Compact».

Результаты и обсуждение.

С 2010 по 2012 годы проспективный микробиологический мониторинг проводился у 319 больных детей отделения детской кардиохирургии. Возраст детей колебался от 14 дней до 13 лет. Количественному бактериологическому исследованию подвергалось содержимое респираторного тракта (мазки из зева, трахеальные катетеры, промывные воды бронхов).

За исследуемый период нами из клинического материала от больных детей кардиохирургии ННМЦ было выделено 855 штамм микроорганизмов, относящихся к 49 видам.

Суммарные результаты основных возбудителей, выделенных из содержимого респираторного тракта пациентов детской кардиохирургии за 2010-2012 годы приведены в таблице 5.

Изучение микрофлоры респираторного тракта пациентов детской кардиохирургии показало, что основные позиции в микробном пейзаже из клинического материала от данной категории больных в течение наблюдаемого периода, занимали бактерии рода Streptococcus – 46,1%. Представители семейства кишечных бактерий выделялись из содержимого респираторного тракта в 13,0% случаев от общего количества выделенных микроорганизмов. К роду Staphylococcus относилось 11,6% выделенных микробов, роду Enterococcus – 9,8%., роду Pseudomonas -5,3%, роду Stenotrophomonas – 2,8%, роду Acinetobacter – 2,2%.

Таблица 5 - Микрофлора респираторного тракта пациентов детской кардиохирургии за 2010-2012 годы

Выделенные культуры	% выделения внутриродовой группы	% выделения от общего количества выделенных культур
Род Staphylococcus 11,6		
Staphylococcus aureus	36,0	4,2
Staphylococcus epidermidis	42,0	5,0
Staphylococcus haemolyticus	21,0	2,4
Род Streptococcus 46,1		
Streptococcus pneumoniae	65,0	30,0
Streptococcus viridans	18,7	8,6
Streptococcus pyogenes	6,5	3,0
Род Enterococcus 9,8		
Enterococcus durans	54,7	5,3
Enterococcus faecalis	32,1	3,1
Род Moraxella 3,2		
Moraxella catarrhalis	100	3,2
Семейство Enterobacteriaceae 13,0		
Род Enterobacter	36,0	4,6
Род Klebsiella	35,1	4,5
Род Pseudomonas 5,3		
Pseudomonas aeruginosa	91,3	5,0
НГОБ 6,5		
Stenotrophomonas maltophilia	42,8	2,8
Acinetobacter baumannii	34,0	2,2
Дрожжеподобные грибы р. Candida 3,6		

Настораживает факт выделения из содержимого респираторного тракта больных детей микроорганизмов, не свойственных данному биотопу и являющихся госпитальными штаммами: Pseudomonas aeruginosa, Stenotrophomonas maltophilia, Acinetobacter baumannii, Enterobacter, Klebsiella, Enterococcus.

Грибы рода Candida выделялись от больных детей в кардиохирургии в 3,6% случаях, Klebsiella pneumoniae – 4,5%.

Мониторинг высеваемости основных патогенов за 2010 -2012 годы показывает возрастание высеваемости бактерий вида Klebsiella pneumoniae с 4, 9% в 2010 и до 6,1% в 2011 году. В 2011 году процентный показатель выделения Streptococcus pneumoniae составил 26,2%, в то время как в предыдущем 2010 году данный показатель составил 20,2%.

Мониторинг высеваемости основных патогенов за 2010 -2012 годы показывает возрастание высеваемости бактерий вида Klebsiella pneumoniae с 4, 9% в 2010 и до 6,1% в 2011 году. В 2011 году процентный показатель выделения Streptococcus pneumoniae составил 26,2%, в то время как в предыдущем 2010 году данный показатель составил 20,2%. Выделение Staphylococcus aureus от детей было также неравнозначным по годам: в 2010 году процент высеваемости составил 6,5%, а в 2011 году этот процент снизился до 3,3%.

В 2010 году процентный показатель выделения Pseudomonas aeruginosa составил 4,9%, а в 2011 году этот показатель увеличился до 6,1%.

Выделение от больных детей грибов рода Candida было неравномерным по годам. Например, в 2010 процент выделения составил 3,7%, в 2011 году наблюдалось увеличение процента выделения до 5,4%.

Результаты исследования чувствительности к антибиотикам штаммов Streptococcus pneumoniae, выделенных пациентов детской кардиохирургии за 2010-2012 годы представлены в таблице 6.

Исследование чувствительности к антибиотикам штаммов Streptococcus pneumoniae в динамике за 2010-2012 году показало стабильную 100% чувствительность к ванкомицину, стабильную высокую чувствительность более 90% к левофлоксацину, моксифлоксацину. Чувствительность пневмококков к пенициллину в эти годы колебалась в пределах от 16% до 18%, к эритромицину от 27% до 35%, к азитромицину от 33% до 44% (табл.6).

Таблица 6 - Антибиотикочувствительность штаммов Streptococcus pneumoniae, выделенных пациентов детской кардиохирургии за 2010-2012 годы

Вид антибиотика	Годы		
	2010	2011	2012
Бета-лактамы			
Амоксициллин/клавуланат	100	40,7	-
Ампициллин	20,9	47,8	53,8
Бензилпенициллин	18,6	16,3	18,3
Цефалексин	14,2	5,9	-
Цефотаксим	52,5	40,7	-
Цефтриаксон	45,6	66	79,4
Цефтазидим	28,5	15,7	13,6
Цефуроксим	61,7	42,6	35,8
Хинолоны			
Ципрофлоксацин	83	90	89,1
Левофлоксацин	89,3	93,7	98,2
Моксифлоксацин	94,5	97,3	-
Макролиды			
Кларитромицин	46,3	57,1	-
Азитромицин	33,3	44,1	33,6
Эритромицин	27,9	35	-
Рокситромицин	36,3	50	-
Линкозамиды			
Линкомицин	59,5	75,3	71,9
Клиндомицин	58,1	68,8	-
Гликопептиды			
Ванкомицин	100	100	100

В наблюдаемый период отмечена стабильно высокая чувствительность (более 90%) синегнойной палочки к полимиксину, пиперациллину, меропенему. Также выокая чувствительность (более 80%) наблюдалась к имепенему, нетилмицину, тобрамицину, ципрофлоксацину, левофлоксацину, офлоксацину, норфлоксацину, пефлоксацину.

Таким образом, проведенные исследования позволяют сделать следующие **выводы:**

1) в содержимом респираторного тракта больных детей отделения кардиохирургии за период с 2010 по 2012 годы превалировал Streptococcus pneumoniae – 30,0%.

2) процент выделения энтеробактерий, энтерококков и неферментирующих грамотрицательных бактерий свидетельствует о дисбактериозе верхних дыхательных путей данных пациентов.

3) кардиохирургические штаммы бактерий были чувствительны к карбопенемам, фторхинолонам, аминогликозидам.

ЛИТЕРАТУРА

1 Авдеев С.Н. Антибактериальная терапия при обострении хронической обструктивной болезни легких//Пульмонология. - 2010. - №2. – С.95-105

2 Бисенова Н.М., Митус Н.М., Тулеубаева Э.А. и др. Мониторинг бактериального спектра мокроты больных с пневмонией и обострением ХОБЛ// Лабораторная диагностика. – 2011. - №1. – С.56-58

3 Глобальная стратегия диагностики, лечения и профилактики хронической обструктивной болезни легких (пересмотр 2011 г.) / Пер. с англ. под ред. А.С. Белевского. — М.: Российское респираторное общество, 2012.)

4 Глобальная инициатива: хроническая обструктивная болезнь легких / Национальный институт сердца, легких и крови США. — ВОЗ, 2001.

5 Данные первого Конгресса стран СНГ по рациональной антибиотикотерапии Inspiration.// Антибиотикотерапия. – 2011. - №15-16. – С.268-269.

6 Зубков М.Н. Современные проблемы резистентности пневмотропных патогенов // Пульмонология. - 2007. - № 5. - С.5–13

7 Казахстан в 2013 году. Статистический сборник (предварительные данные)

8 Козлов Р.С. Принципы антибактериальной терапии при инфекционном обострении ХОБЛ с позиций доказательной медицины//Пульмонология. Аллергология. Риноларингология. 2009. - №2. – С.27-29

9 Козлов З.С., Сивая О.В., Кречикова О.И. и др. Динамика резистентности Streptococcus pneumoniae к антибиотикам в России за период 1999-2009 гг. (Результаты многоцентрового проспективного исследования ПеГАС) // Клин микробиол антимикроб химиотер. – 2010. - №4. – С.329-342

10 Синопальников А.И., Романовских А.Г. Инфекционное обострение хронической обструктивной болезни легких. М.: Премьер МТ, Наш город, 2007. – С.267-94

11 Чучалин А.Г. Хронические обструктивные болезни легких. - М., 1998. - 510 с.

12 Чучалин А.Г., Синопальников А.И., Страчунский Л.С. и др. Внебольничная пневмония у взрослых: практические рекомендации по диагностике, лечению и профилактике: пособие для врачей. М.: РРО; МАКМАХ, 2010.

13 Antimicrobial resistance Surveillance in Europe 2012. Annual report of the European Antimicrobial resistance Surveillance Network.2013;1: P.83

14 Anto J.M., Vermeire P., Vestbo J., et al. Epidemiology of chronic obstructive pulmonary disease. Eur Respir J 2001; 17:982-94.

15 Celli B.R., Barnes P.J. Effect of exacerbation on quality of life in patients with chronic obstructive pulmonary disease. Eur.Respir. J. 2007; 29: 1224–1238.

16 Donaldson G.C., Wedzicha J.A. COPD exacerbations: epidemiology. Thorax 2006; 61: 164–168

17 Eller J., Ede A., Schaberg T. et al. Infective exacerbations of chronic bronchitis: relation between bacteriologic etiology and lung function. Chest 1998; 113: 1542–1548

18 Felmigham D, Reinert RR, Hirakata Y, et al. Increasing prevalence of antimicrobial resistance among isolates of Streptococcus pneumoniae from the PROTEKT surveillance study, and comparative in vitro activity of the ketolide, telithromycin. J Antimicrob Chemother 2002;50(Suppl. S1):25–37.

19 Huff J., White A., Power E. et al. 10_year trends in penicillin and erythromycin resistant S.pneumoniae for 5 European countries and the USA. The Alexander Project [abstract C2 1624] // Abstracts from the 42nd Interscience conference on antimicrobial agents and chemotherapy. San Diego, USA: American Society of Microbiology, 2002. P. 108.

20 Jenkins SG, Brown SD, Farrell DS. Trends in antimicrobial resistance among Streptococcus pneumoniae isolated in the USA: update from PROTEKT US Years 1–4. Ann Clin Microbial Antimicrob 2008;11:7–11.

21 Lopez AD, Shibuya K, Rao C, et al. Chronic obstructive pulmonary disease: current burden and future projections. Eur Respir J 2006;27:397412

22 Mathers CD, Loncar D. Projections of global mortality and burden of disease from 2002 to 2030. PLoS Med 2006;3:e442.

23 Monso E., Ruiz J., Rosell A. et al. Bacterial infection in chronic obstructive pulmonary diseases: A study of stable and exacerbated outpatients using the protected specimen brush. Am.J.Respir.Crit.Care Med.1995;152:1316-1320

24 Roche N., Huchon G. Epidemiology of chronic obstructive pulmonary disease. Rev Prat 2004, 54:1408-13 Anto J.M., Vermeire P. Epidemiology of chronic obstructive pulmonary disease. Eur Respir J.2001, 17:982-94

25 Samir N. Patel, Allison McGeer, Roberto Melano et al. Susceptibility of Streptococcus pneumoniae to fluoroquinolones in Canada // Antimicrobial agents and chemotherapy. 2011;55:3703–3708

26 Schito G.C., Debbia E.A., Marchese A. The evolving threat of antibiotic resistance in Europe: new data from the Alexander Project // J. Antimicrob. Chemother. 2000. V. 46. Suppl. T1. P. 3–9.

27 Smeeth L., Thomas S.L., Hall A.J. et al. Risk of myocardial infarction and stroke after acute infection or vaccination. N. Engl. J. Med. 2004; 351: 2611–2618.

28 Soler N, Torres A, Ewig S, et al. Bronchial microbial patterns in severe exacerbations of chronic obstructive pulmonary disease (COPD) requiring mechanical ventilation. Am J Respir Crit CareMed 1998;157:1498505.

29 Veeramachaneni S.B., Sethi S. Pathogenesis of bacterial exacerbations of COPD. COPD 2006; 3: 109–115.

30 World Health Report. Geneva: World Health Organization. Available from URL: http://www.who.int/whr/2000/en/statistics.htm; 2000.

31 Дворецкий Л.И. Ключевые вопросы антибактериальной терапии обострений хронической обструктивной болезни легких// Пульмонология. - 2011. - №4. – С.87-96

32 Глобальная стратегия диагностики, лечения и профилактики хронической обструктивной болезни легки. // Пер. с англ. под ред. Чучалина А.Г. Атмосфера. Москва.2003. – 96с.

33 Veeramachaneni S.B., Sethi S. Pathogenesis of bacterial exacerbations of COPD// COPD. – 2006. – N.3. – P.109–115

34 Monso E., Ruiz J., Rosell A. et al. Bacterial infection in chronic obstructive pulmonary diseases: A study of stable and exacerbated outpatients using the protected specimen brush// Am.J.Respir.Crit.Care Med.- 1995. – N.152. – P.1316-1320

35 Pela R., Marchesani F., Agostinelli C. et al. Airways microbial flora in COPD patients in stable clinical conditions and during exacerbations: A bronchoscopic investigation// Monaldi Arch. Chest Dis. – 1998. – N.53. – P. 262–267.

36 Кречикова О.И., Козлов Р.С., Богданович Т.М., Стецюк О.У., Суворов М.М. Выделение, идентификация и определение чувствительности к антибиотикам Streptococcus pneumoniae. Методические рекомендации для микробиологов. М. – 2000

37 Бисенова Н.М., Митус Н.М., Тулеубаева Э.А. и др. Мониторинг бактериального спектра мокроты больных с пневмонией и обострением ХОБЛ// Лабораторная диагностика. – 2011. - №1. – С.56-8

38 Баймаканова Г.Е., Зубаирова П.А., Авдеев С.Н., Чучалин А.Г. Особенности клинической картины и течения внебольничной пневмонии у пациентов с ХОБЛ // Журнал «Пульмонология» - 2009. - №2.

39 Ландышев Ю.С., Бабич М.В. Фармакоэкономическая оценка эффективности антибактериальной терапии при внебольничной пневмонии, ассоциированной с ХОБЛ. Журнал «Пульмонология» - 2010. - №3

40 Лещенко И.В., Овчаренко С.И., Шмелев Е.И. Хроническая обструктивная болезнь легких. Федеральная программа. Практическое руководство для врачей. Москва.- 2004 г.

41 Миронов А.Ю., Савицкая К.И., Воробьев А.А. Условно-патогенные микроорганизмы при заболеваниях дыхательных путей // Журнал микробиологии, эпидемиологии и иммунобиологии – 2000, №1, с.81-84.

42 Санджай Сэти., Нэнси Эванс и др. Новые штаммы бактерий и обострения хронической обструктивной болезни легких. Международный медицинский журнал.- 2003. - №2.- Том 6. с.155-160.

43 Дворецкий Л.И. Роль инфекции при обострении хронического бронхита.// Нижегородский медицинский журнал.-.2003.-№1.-С108-120

44 Amsden G.W. & Amankwa K. Pneumococcal resistance: The treatment challenge. Ann Pharmacother 2001 Apr; 35 (4): 480-488

45 Inoue M., Kaneko K., et.al. Antimicrobial susceptibility of respiratory tract pathogens in Japan during PROTEKT years (1999-2004). Microb Drug Resist 2008; 14:109-17

46 Jenkins S., Brown S., Farrell D. Trends in antimicrobial resistance among Streptococcus pneumoniae isolated in the USA: update from PROTEKT US Years 1-4. Ann Clin Microbiol Antimicob 2008; 11:7-11

47 Perez Trallero E., Martin Yerrero J., Mazon A., et al. Antimicrobial resistance among respiratory pathogens in Spain: latest data and changes over 11 years (1996-1997 to 2006-2007). Antimicrob Agents Chemother 2008; 54:2953-9